I0043371

Mohamed Ben Hassen

Effilochage des déchets textiles

Béchir Wanissi
Mohamed Ben Hassen

Effilochage des déchets textiles

Éditions universitaires européennes

Impressum / Mentions légales

Bibliografische Information der Deutschen Nationalbibliothek: Die Deutsche Nationalbibliothek verzeichnet diese Publikation in der Deutschen Nationalbibliografie; detaillierte bibliografische Daten sind im Internet über http://dnb.d-nb.de abrufbar.
Alle in diesem Buch genannten Marken und Produktnamen unterliegen warenzeichen-, marken- oder patentrechtlichem Schutz bzw. sind Warenzeichen oder eingetragene Warenzeichen der jeweiligen Inhaber. Die Wiedergabe von Marken, Produktnamen, Gebrauchsnamen, Handelsnamen, Warenbezeichnungen u.s.w. in diesem Werk berechtigt auch ohne besondere Kennzeichnung nicht zu der Annahme, dass solche Namen im Sinne der Warenzeichen- und Markenschutzgesetzgebung als frei zu betrachten wären und daher von jedermann benutzt werden dürften.

Information bibliographique publiée par la Deutsche Nationalbibliothek: La Deutsche Nationalbibliothek inscrit cette publication à la Deutsche Nationalbibliografie; des données bibliographiques détaillées sont disponibles sur internet à l'adresse http://dnb.d-nb.de.
Toutes marques et noms de produits mentionnés dans ce livre demeurent sous la protection des marques, des marques déposées et des brevets, et sont des marques ou des marques déposées de leurs détenteurs respectifs. L'utilisation des marques, noms de produits, noms communs, noms commerciaux, descriptions de produits, etc, même sans qu'ils soient mentionnés de façon particulière dans ce livre ne signifie en aucune façon que ces noms peuvent être utilisés sans restriction à l'égard de la législation pour la protection des marques et des marques déposées et pourraient donc être utilisés par quiconque.

Coverbild / Photo de couverture: www.ingimage.com

Verlag / Editeur:
Éditions universitaires européennes
ist ein Imprint der / est une marque déposée de
OmniScriptum GmbH & Co. KG
Heinrich-Böcking-Str. 6-8, 66121 Saarbrücken, Deutschland / Allemagne
Email: info@editions-ue.com

Herstellung: siehe letzte Seite /
Impression: voir la dernière page
ISBN: 978-3-8416-6714-4

Copyright / Droit d'auteur © 2015 OmniScriptum GmbH & Co. KG
Alle Rechte vorbehalten. / Tous droits réservés. Saarbrücken 2015

Effilochage des Déchets Textiles

Béchir WANASSI & Mohamed BEN HASSEN

2015

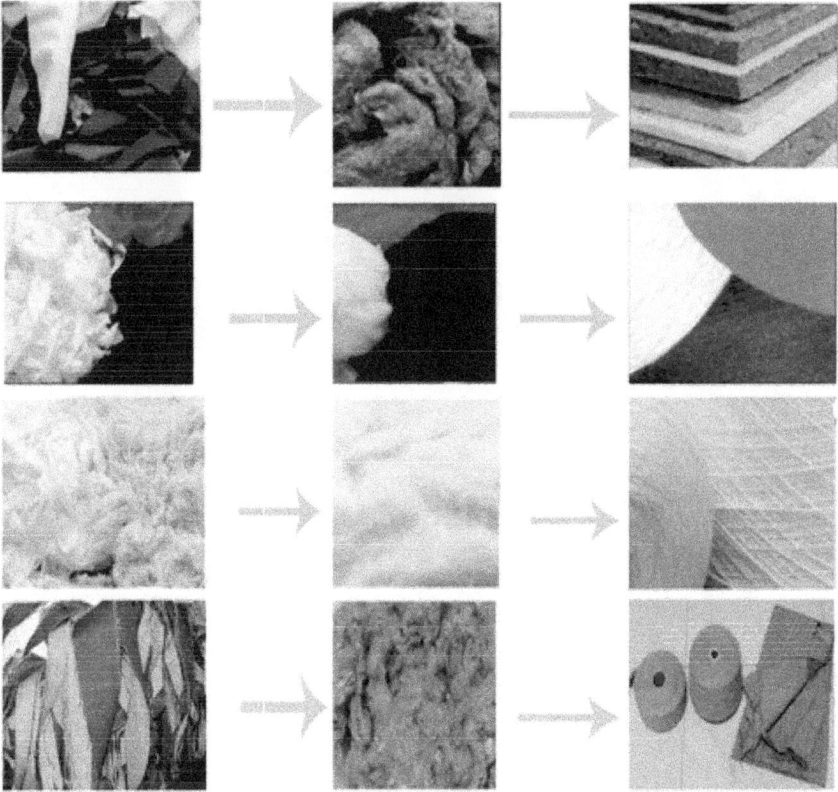

Table des matières

Chapitre I : Les déchets textiles

Chapitre II : Préparation

Chapitre III : Effilochage

Chapitre IV : Filature des déchets textiles

Chapitre I : Les déchets textiles

I. Introduction

Les déchets textiles font sans doute partie des premiers déchets à avoir été collectés et valorisés par ceux que l'on appelait les « chiffonniers ». Aujourd'hui et depuis de nombreuses années, cette activité est assurée par des associations caritatives et des structures d'insertion qui collectent, trient et revendent les vêtements ramassés.

En 2004, des organismes mondiaux estiment que les textiles représentaient environ 2 % des déchets des ménages, soit un gisement d'environ 8 kg par habitant et par an. La moitié étant considérée comme récupérable.

Dans un premier temps ce cours abordera l'origine des déchets textile, les aspects réglementaires, le contexte et les chiffres nationaux et internationaux, ainsi que les différentes filières de valorisation.

II. Origine des déchets

Les textiles usagés sont classés en trois types de déchets [1] :

✓ Les déchets neufs d'origine industrielle comme les chutes de fabrication

✓ Les déchets textiles des entreprises comme les chiffons d'essuyage

✓ Les textiles usagés des ménages, comprenant les vêtements, les chaussures, la maroquinerie, les draps et les linges de table, les duvets et oreillers....

Les chutes de fabrication et les déchets d'entreprises font en général l'objet d'un recyclage par des professionnels.

Les textiles usagés des ménages sont collectés par des entreprises d'insertion ou des associations qui ont pour objectif premier de favoriser l'insertion professionnelle et d'aider les plus démunis.

Une fois collectés, les textiles usagés des ménages, principalement des vêtements et du linge de maison, sont triés manuellement en différentes catégories. Ils sont ensuite préparés pour suivre les différentes voies de réemploi ou de recyclage.

En revanche la collecte des textiles usagés ne concerne pas les matelas, tapis, rembourrages....

Catégorisation des textiles usagés

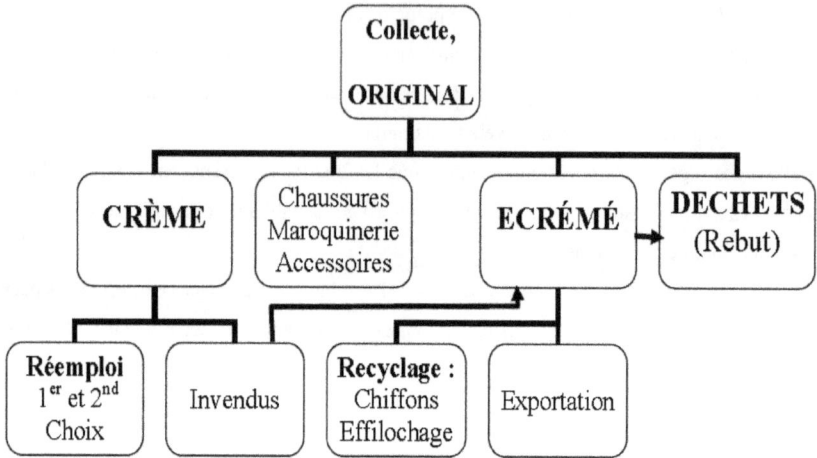

```
                        ┌──────────────┐
                        │  Collecte,   │
                        │  ORIGINAL    │
                        └──────────────┘
```

| CRÈME | Chaussures Maroquinerie Accessoires | ECRÉMÉ | DECHETS (Rebut) |

| Réemploi 1er et 2nd Choix | Invendus | Recyclage : Chiffons Effilochage | Exportation |

Définitions :

Original : totalité des textiles collectés avant tri.

Crème : après tri, les vêtements de première qualité retenus pour la vente en friperie ou pour l'exportation.

Écrémé : ce qui ne peut pas être retenu pour les friperies parce que trop démodé ou en mauvais état, et qui suit généralement les filières de recyclage ou d'exportation.

III. Chiffres clés [2]

La collecte et le recyclage des déchets en Tunisie, ne passent pas par des canalise officiel. C'est pour cette raison que les quantités des déchets communiqués par les organismes officiels ne reflètent pas la quantité réelle des déchets. Dans le tableau suivant on représente les quantités officielles des déchets classé par type :

Types de déchets	Quantités (t/an)
Plastique	150.000
Pneus	19 000
Métaux	120 000
Papier	15 000
Textile	28 000
Total	332.000

On estime que le secteur informel récupère environ 23.000 t/an.

Les organismes qui s'intéressent à la gestion des déchets en Tunisie sont représentés dans la figure suivante :

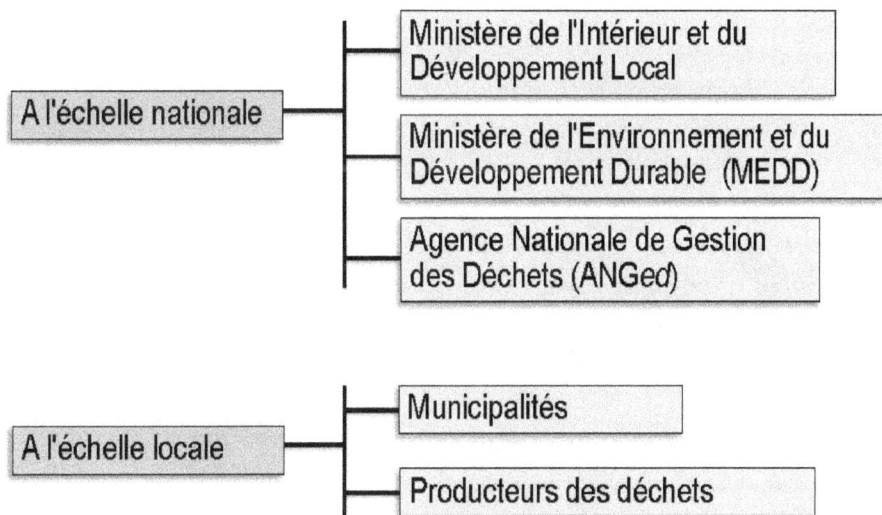

A l'échelle nationale
- Ministère de l'Intérieur et du Développement Local
- Ministère de l'Environnement et du Développement Durable (MEDD)
- Agence Nationale de Gestion des Déchets (ANGed)

A l'échelle locale
- Municipalités
- Producteurs des déchets

7

Afin d'avoir une idée sur le secteur de déchets textile dans le monde, on prend par exemple ce secteur en France.

Cas de la France

Le gisement des textiles mis sur le marché en France est approximativement de 17 kg /hab./an, soit 1 million de tonnes réparties entre les déchets industriels, l'ameublement, les vêtements et linges de maison.

Concernant les vêtements et linges de maison, les français en consomment chaque année 8 kg par habitant, soit la moitié du total de textiles générés. On estime que le gisement récupérable provenant des ménages est de l'ordre de 250 000 tonnes (4 kg/hab./an), mais la part potentiellement valorisable pourrait augmenter jusqu'à 300 000 ou 400 000 tonnes.
Aujourd'hui environ 150 000 tonnes de textiles usagés des ménages sont collectées chaque année en France. Les communautés Emmaüs collectent environ 20 %, Le Relais 40 %, les 40 % restants sont collectées par un grand nombre d'associations à dimensions nationales ou locales [3].

IV. Informations réglementaires

IV. 1. Réglementation tunisienne

En Tunisie, deux types de cadres légaux réglementent et organisent la gestion des déchets :
- ✓ Un cadre général qui réglemente globalement le secteur indépendamment de la nature des déchets
- ✓ Des cadres particuliers à des types de déchets spécifiques.

La loi cadre 96-41 du 10 juin 1996 concernant la gestion des déchets [4]

Objet : loi spécifique à la gestion des déchets

Article 1 : fixe comme objectifs à réaliser par la gestion des déchets : réduction de la production de déchets, réduction de leur nocivité, valorisation par les moyens techniques disponibles, dépôts des déchets en décharges contrôlées après épuisement de tout moyen de valorisation.

Article 5-6 : Dispositions d'élimination des déchets dangereux ou présentant un risque de nocivité avec institution de la responsabilité pénale du producteur.

Article 10-15 : Chapitre relatif au traitement des déchets d'emballages.

Effilochage des déchets textiles

Article 16-23 : Réglementation relative aux décharges contrôlées : classification des décharges selon la dangerosité des matières qu'elle prend en charge, soumission de l'ouverture des décharges et des centres de collecte et de tri à l'autorisation du ministère de tutelle, autorisation du service privé à prendre part à la prise en charge et la gestion des déchets sous contrôle.

Article 24-30 : Dispositions générales relatives à la gestion des déchets et leurs éliminations.

Article 31-38 : Dispositions spécifiques aux déchets dangereux : interdiction de mélange de déchets dangereux et non dangereux, interdiction d'enfouissement ou de dépôt des déchets ailleurs que dans des décharges réservées, obligation faite aux producteurs de déchets dangereux de contracter des polices d'assurance pur couvrir les risques potentiels liés au transport de ces déchets.

Article 39-44 : Dispositions relatives à l'exportation, l'importation et le transit des déchets.

Article 45-51 : Institution du principe de la responsabilité pénale du contrevenant aux dispositions réglementaires de la gestion des déchets.

IV. 2. Réglementation française

Article L-541.1 et suivants du code de l'environnement.
Les déchets textiles sont considérés comme des déchets banals et sont donc soumis aux dispositions générales des déchets. Il n'existe pas de dispositions particulières aux déchets textiles.

Circulaire du 09/08/78.
S'ils sont souillés par des produits dangereux, ils deviennent automatiquement des déchets dangereux et doivent être traités en conséquence (par exemple une combinaison souillée par de l'amiante est considérée comme un déchet amianté, de même pour les chiffons des garages souillés par de l'huile...).

Décret du 18 avril 2002 relatif à la classification des déchets
La nomenclature des déchets textiles compte plus d'une vingtaine de catégories que l'on retrouve dans la rubrique des déchets de l'industrie textile et dans la rubrique des déchets municipaux collectés sélectivement, notamment aux articles 20 01 10 et 20 01 11 pour les textiles et les vêtements.

La gestion des textiles usagés est soumise à la réglementation relative aux Installations Classées pour la Protection de l'Environnement (ICPE), notamment aux rubriques suivantes :

Rubrique	Non soumis à la réglementation ICPE si :	Déclaration	Autorisation
128 : dépôt ou atelier de triage des chiffons usagés ou souillés	La quantité stockée inférieure à 50 tonnes		La quantité stockée supérieure à 50 t.
129 : Effilochage et pulvérisation des chiffons			Toujours soumis à autorisation
322A : « stockage des OM »			**Quel que soit le volume stocké.**

Il n'y a pas de rubrique spécifique concernant les ateliers de stockage et de tri des vêtements usagés. Ce vide réglementaire pose un problème aux structures qui pourraient ainsi relever d'une des rubriques suivantes :

- la rubrique 322a, assimilant les vêtements usagés aux ordures ménagères. Tous les ateliers de stockage et de tri des vêtements usagés seraient ainsi considérés comme ICPE et soumis à autorisation.

- La rubrique 128 concernant les chiffons usagés ou souillés sans faire état du stockage de vêtements.

La DRIRE du Jura s'interroge actuellement à ce sujet afin de statuer sur la position des structures qui collectent et trient les vêtements.

- *Article L541-24 du code de l'environnement.*

Depuis le 1er juillet 2002 la mise en centre de stockage ne doit concerner que les déchets ultimes, cependant le caractère ultime d'un déchet dépend des filières d'éliminations présentes localement.

Autre texte :

Le Plan Départemental d'Elimination des Déchets Ménagers et Assimilés du Doubs (PDEDMA 25) de juillet 2002, annonce que « la réduction des quantités de déchets à traiter « par les collectivités » résultera également de la mise en place d'un réseau de déchèteries : le recyclage devra y être développé au-delà des pratiques actuelles. Le concept de « recyclerie » sera donc encouragé en contractualisant avec des associations ou des structures d'insertion qui assurent la valorisation de certains déchets (appareils électroménagers, **textiles,** cycles, meubles...) ».

Les PDEDMA des autres départements de Franche-Comté ne contiennent pas de spécificités sur les déchets textiles.

V. Coût de collecte des déchets textiles

Les coûts de collecte et de traitement sont difficiles à estimer. Ils sont estimés par les acteurs de la récupération entre 200 € et 500 € la tonne. Ces tarifs comprennent les étapes de collecte, de tri et d'élimination des rebuts. La part qui pèse le plus sur les coûts de gestion des déchets textiles est composée des salaires des employés, car les étapes de tri et de préparation des textiles pour la vente sont coûteuses en main d'œuvre. Le Relais Est (collecteur français) estime ses coûts liés à la collecte (hors tri, commercialisation, d'élimination des déchets) à 250 € la tonne.

Ces coûts sont aujourd'hui assumés dans leur intégralité par les structures qui collectent les déchets textiles. De plus, en quelques années, la part de vêtements vendus en friperie est passée de 60 % du total collecté à 40 % aujourd'hui. De ce fait, les structures sont en difficulté financière car la diminution des quantités vendues en friperie, seule filière bénéficiaire, provoque un déséquilibre entre les coûts et les recettes.

La contribution qui devrait être mise en place prochainement, prévoit une aide à la tonne valorisée qui serait de l'ordre de 100 €/t. Cette aide permettra aux structures de pérenniser leur activité textile, et d'investir dans la recherche et le développement, afin de trouver de nouvelles filières de valorisation.

En termes de coûts d'élimination des déchets, la tonne de déchets enfouie ou incinérée coûte environ 150 € aux collectivités. En 2004, le total des déchets ménagers produits en Franche-Comté est de 595 517 tonnes. La collecte des textiles usagés était de 1 796 tonnes en 2004, soit 0,3 % des déchets ménagers. Les deux tiers de ces textiles sont valorisés et un tiers retourne dans le circuit d'élimination des déchets.

Ainsi 1 200 tonnes de textiles valorisés ne sont pas à la charge des collectivités, représentant une économie d'environ 180 000 € par an sur les coûts d'élimination des déchets.

VI. Conclusion

La production des déchets ne cesse pas d'augmenter (augmentera en 2025 de près de 50% par rapport à la production actuelle). Ceci est dû d'un coté à l'accroissement de la population et de l'autre côté à l'augmentation de la production spécifique par habitant.

Un découplage entre l'amélioration du niveau de vie et le taux de production des déchets n'est pas prévisible à moyen terme, vu le niveau assez bas de la production des déchets par rapport aux pays développés d'un coté, et considérant l'état de conscience de la population qui ne cesse de tendre vers la société de consommation en suivant le modèle européen.

Le dispositif technique et infrastructurel actuel de gestion des déchets est basé sur la collecte, le transport et l'enfouissement des déchets dans des décharges contrôlées. La valorisation et/ou le recyclage des déchets est encore en phase embryonnaire.

Les taux de recyclage prévus à l'horizon 2016 ne dépassent pas les 15% pour les déchets industriels et 20% pour le recyclage des produits provenant des déchets municipaux. Le secteur informel n'est pas à négliger dans l'atteinte de ces objectifs. Le déchet textile ne présente que 2% des déchets municipaux.

La prévention des déchets est restée un slogan dans les documents et les messages politiques sans aucune mesure considérable, tant au niveau de la production qu'au niveau de la consommation. Une stratégie clairvoyante de prévention des déchets pourrait contribuer au découplage des taux de production des déchets de la croissance socio-économique du pays.

De nombreux freins ralentissent la réalisation d'un tel projet. Tout d'abord, il faut que les différentes structures s'accordent sur les modalités de collectes et de tris des textiles sans remettre en cause leurs emplois, et également sur leurs statuts administratifs comme Chantiers d'effilochage ou Entreprises d'effilochage. Il faut tisser des liens contractuels avec des industriels en professionnalisant le milieu et en leur assurant des quantités et une qualité constantes. Il faut également un engagement politique fort, engagement qui pourra peut-être se réaliser si une contribution est mise en place au niveau national.

Chapitre II : Préparation

I. Introduction

Afin d'avoir une bonne qualité de fibres effilochées, il existe plusieurs étapes de préparation des déchets. La première phase est le triage par nature de fibre et nuance. Cette phase n'est pas automatisé et nécessite une charge humaine très importante, c'est pour cette raison que le plus part des industrielles ignorent cette étape.

La deuxième phase est de couper les déchets afin de minimiser la sollicitation sur le matériau lors de l'opération d'effilochage. La troisième phase est de mélanger les fibres effilochées.

Ce chapitre s'intéresse en premier lieu à la technologie de coupe utilisé dans la préparation de la matière à l'effilochage. La deuxième partie, s'intéresse à la technologie de mélange.

II. La Coupeuse

II.1. Coupeuse à lames verticales

Le principe de fonctionnement de la coupeuse **(Figure 1)** est comme suit : La matière est déposée sur un tapis d'alimentation **(1)** qui l'entraîne vers quatre rouleaux cannelés **(2)** en acier trempé sous une pression hydraulique réglable. Les rouleau compriment la matière sur le tablier d'alimentation et la tirent efficacement vers les couteaux **(3 et 4)**.

L'effet de ciseaux produit entre le couteau mobile **(3)** et le couteau fixe **(4)** assure une coupe parfaite et précise. Les réglages du train de rouleaux permettent une alimentation parfaite des matières de toutes natures et de toutes formes. En cas de surcharge en épaisseur, la courroie transporteuse s'arrête automatiquement. Une marche arrière permet un débourrage facile.

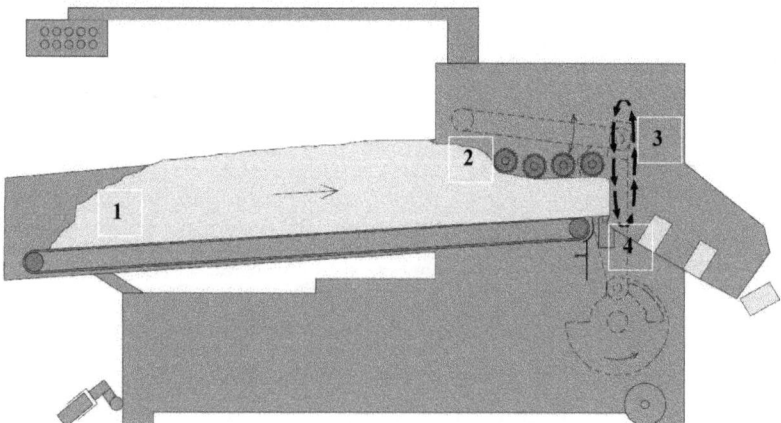

Figure 1. Coupeuse de déchets textiles

Une machine de coupe a généralement les caractéristiques suivantes :

- ✓ Epaisseur de matière comprimée suivant la compressibilité de la matière et peut atteindre jusqu'à 500mm selon le modèle.
- ✓ Vitesse de coupe : 200 coupes/min. (100 ou 150 coupes/min pour des modèles sur demande).
- ✓ Longueurs de coupe : variable selon le réglage
- ✓ La production dépend des matières, de la longueur de coupe, du chargement, ..., et peut atteindre plus de 10 tonnes/heure.
- ✓ La coupeuse est généralement actionnée par quatre moteurs triphasés

II.2. Coupeuse à lames rotatives

Figure 2. Effilocheuse à lame rotatif

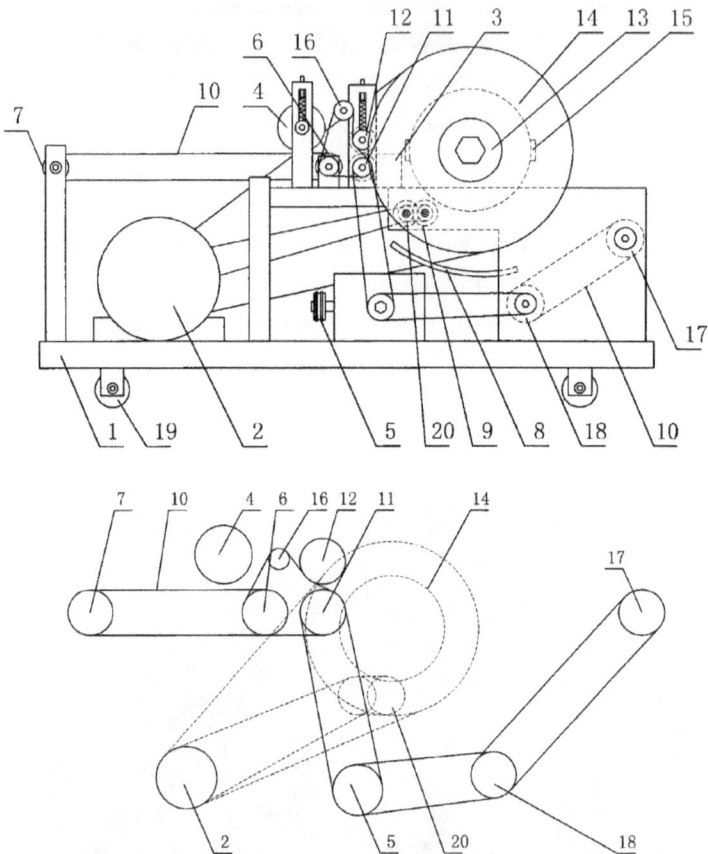

Figure 3. Schéma de prince d'une coupeuse rotatif

Mécanisme d'alimentation

Comme présenter dans la figure précédente, la coupeuse se comporte d'un châssis de base (1). La matière est alimentée par une bande transporteuse (10) qui est alimenté par deux roues (6) et (7). Ensuite la matière à couper passe sous un cylindre de pression (4) qui est relié à un ressort. Les réglages de pression de ce dernier cylindre peuvent être effectués par une action manuelle sur le ressort.

Ensuite la matière passe entre deux cylindres (11) et (12), dont le cylindre (12) est un cylindre de pression qui est relié à un ressort de réglage manuelle tandis que le cylindre (11) est relié directement au moteur (5) via une chaîne.

Les cylindres (6), (11) et (12) sont reliés entre eux par la même chaîne secondaire. Pour donner un sens de rotation qui favorise l'alimentation continue de la matière, une autre roue (16) est ajoutée.

Mécanisme de coupe

A la sortie du mécanisme d'alimentation, la matière se dirige vers le mécanisme de coupe. Ce dernier est composé d deux cessions. La première est composée d'un couteau fixe et deux lames rotatives, tandis que la deuxième partie se compose de deux coupeurs circulaires.

La première partie de ce mécanisme se compose d'un couteau fixe (3) et deux lames rotatives (15). Le mécanisme des lames rotatives est articulé autour d'un axe principal (13) qui est lié directement au moteur principal (2).

Le mécanisme des lames rotatives se compose de trois parties : deux lames (15) qui sont montées sur un support circulaire (14) qui tourne autour d'un axe central (13).

Après le passage de la matière par la première partie du mécanisme de coupe, elle tombe sur la deuxième partie de ce mécanisme qui est formé par deux coupeuses circulaires (20) et (9), pour une coupe plus fines des déchets. Ces deux dernières sont liées directement au moteur principal (2) via une chaîne.

Mécanisme d'évacuation

La matière coupée tombe sur (8), par la suite sur un tapis d'évacuation horizontal qui est alimenté par la roue (18). Ensuite la matière coupée passe sur un tapie oblique (10) alimenter par la roue (17), pour sortir de la machine.

III. Technologie de Mélange

III. 1. But de mélange

Après le coupage de la matière à effilocher, la matière première travaillée qu'elle soit de même nature ou de nature différente, naturelle ou chimique, est généralement de caractéristiques non homogène. Cette non homogénéité est due aux différentes conditions de triage de la matière. Cette non homogénéité affecte la qualité du produit fini ainsi que la stabilité du processus de fabrication. Donc, une étape de mélange et d'homogénéisation des matières mélangées pour que les caractéristiques physiques et chimiques restent aussi constantes que possibles, est primordiale pour avoir un lot de fibres régulier en toutes ses caractéristiques. Par ailleurs, si l'on produit une qualité contrôlée, il faut que de lot à lot les caractéristiques moyennes restent pratiquement les mêmes. On y parvient par un dosage judicieux de lots de fibres de qualité voisines.

Dans la pratique industrielle, on appelle mélange l'opération qui a pour but principal de doser et de répartir les éléments à une échelle élémentaire.

Le mélange peut avoir un ou plusieurs des objectifs suivants:

✓ Compenser quelques défauts dans les caractéristiques d'une fibre et par suite améliorer la qualité du mélange et du produit fini.

✓ Obtenir des fils ou des non-tissés ayant des propriétés désirées pour des usages spécifiques.

✓ Réduire la variabilité dans les caractéristiques de la matière première travaillée.

✓ Réduire le prix de revient de la matière première en intégrant dans le mélange des matières relativement moins chères.

✓ Mélanger des fibres de couleurs différentes pour obtenir des produits de couleurs et de nuances recherchées.

Mélanger des matières de caractéristiques différentes pour réaliser des effets recherchés dans le produit fini (non-tissé ou fil).

III. 2. Technique de mélange

Une machine de mélange est nécessaire, après la coupe, pour homogénéiser la matière à effilocher. Dans la figure suivante on représente le processus de mélange.

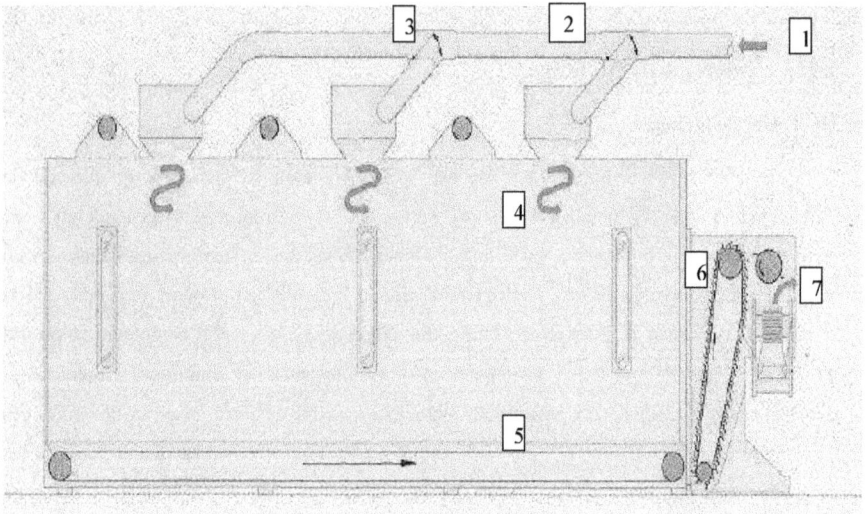

Figure 5. Schéma d'une mélangeuse

La matière à mélanger, passe via une canalisation vers le mélangeuse via un système pneumatique. La matière entre dans la mélangeuse via la conduite (1). La mélangeuse comporte trois chambres de mélange (4). On peut utiliser un, deux les trois chambres de mélange en agissant sur le clapet (2) ou (3) et ce en fonction de la quantité de la matière à traiter. Après le mélange via une forte ventilation dans chaque chambre, la matière tombe sur un tapis roulant (5). Ensuite la matière est transmise vers la sortie (7) via un autre tapis oblique (6).

Selon la matière l'industriel peut utiliser plus qu'une mélangeuse dans la ligne de production. Dans la figure suivante on représente une ligne industrielle de mélange où il existe deux mélangeuses successives.

Figure 6. Ligne industrielle de mélange

IV. Conclusion

La technologie de mélange se diffère d'un constructeur à un autre. Mais le principe est le même, où le mélange de matières est basé en premier lieu sur la division d'un lot de matière sur plusieurs sous lot ensuite chaque sous lot sera homogénéisé via une circulation d'un flux d'air.

Chapitre III : Effilochage

I. Introduction

Les machines effilocheuses ou défibreuses sont utilisées dans l'industrie textile pour traiter des déchets textiles divers afin d'obtenir des fibres réutilisables pour la fabrication de nouveaux produits, tels que fils, feutres d'isolation, matériaux de rembourrage ...

D'une manière générale, une telle machine se compose essentiellement, si l'on suit le déroulement du processus de traitement :

✓ D'un poste d'alimentation en déchets textiles à traiter

✓ D'au moins un module de traitement permettant d'assurer le défibrage des déchets et la formation d'une nappe fibreuse homogène à partir des fibres obtenues qui comprenant:

⌧ Un bloc alimentaire constitué d'un rouleau entraîné en rotation, positionné en regard d'une auge ou cuvette fixe, délivrant les déchets sous la forme d'une nappe à l'ensemble de défibrage.

⌧ Un ensemble de défibrage comprenant un tambour à pointes, en rotation autour d'un axe horizontal, qui entraîne la nappe de déchets qui lui est présentée et transfère les fibres à un dispositif de nappage constitué par une bande transporteuse perforée sous laquelle il existe une aspiration.

⌧ Un ensemble d'évacuation de la nappe formée.

En général, pour obtenir un bon effilochage des déchets textiles et obtenir en final une nappe très homogène, il est nécessaire d'effectuer plusieurs traitements successifs. Pour ce faire, les machines industrielles sont en général constituées d'une succession de modules de traitement adaptés à chaque type de déchets, des moyens étant prévus au niveau de chaque module pour récupérer les déchets insuffisamment défibrés et pour les réintroduire automatiquement dans le poste d'alimentation de la machine.

II. Préparation de la matière

Les déchets textiles destinés au recyclage sont classés par nuances de couleurs et composants, les composants pouvant être d'origine végétale, animale, ou synthétique en mélange ou en 100%.

Les articles subissent ensuite une étape de délissage, consistant en une extraction des corps durs, du type bouton, fermeture éclair, étiquette, etc...

Ensuite pulvériser sur les déchets textiles par une émulsion à base d'huile, de préférence de la manière suivante :

✓ Faire des couches superposées en pulvérisant sur chaque couche une émulsion d'huile et d'eau à une température de 25° à 35° environ, suivant les textiles à travailler.

✓ Laisser macérer les mélanges pendant 10 à 12 heures avant de les travailler, suivant les matières à traiter. Cette opération donne du gonflant aux fibres et favorise un démaillage en douceur, pour conserver un maximum de longueur de fibres,

III. Principe général de l'effilochage

Le recyclage mécanique qui consiste à récupérer les fibres textiles via différentes séparations et manipulations. L'incorporation de matières textiles recyclées dans de nouvelles applications peut s'effectuer via deux méthodes :

✓ Soit un retour à la fibre : procédé qui débute par l'effilochage

✓ Soit l'incorporation de fibres en mélange avec d'autres matières plastiques : procédé par compoundage.

Note : Le recyclage mécanique traditionnel fait également appel à des techniques plus simples telles que la transformation du vêtement en un autre produit textile (ex : sac, …). Il est à noter que cette filière existe, qu'elle mobilise assez peu de gisement et fait plutôt appel à des créateurs.

La technique de l'effilochage

La technique de l'effilochage permet, grâce à des cylindres munis de pointes ou de dents, de transformer des surfaces textiles en fibres. Avant de passer dans l'effilocheuse, les déchets textiles en fin de vie doivent être broyés ou coupés en petites pièces, puis mélangés.

Pour les vieux vêtements, une étape de « pré-ouverture » de la matière est nécessaire de même qu'un silo mélangeur qui permet d'homogénéiser la matière avant la passer dans l'effilocheuse.

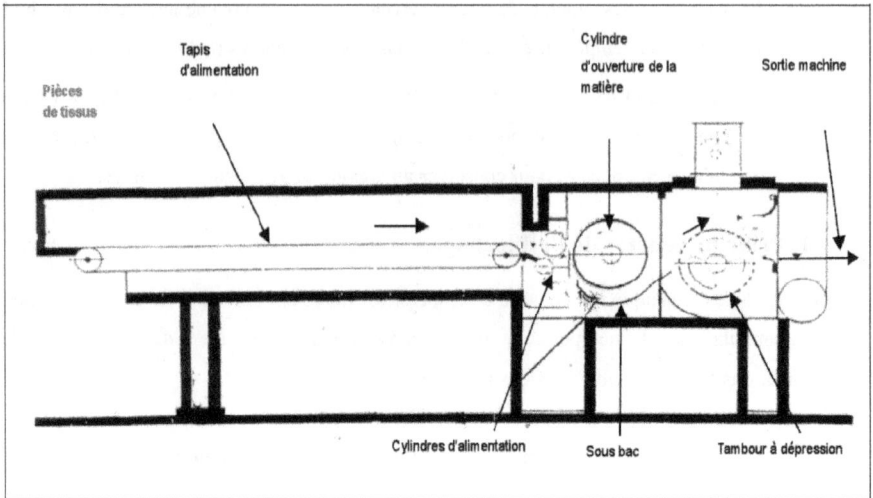

Figure 1. Principe de fonctionnement d'une effilocheuse

Le degré d'ouverture des fibres est fonction du nombre de morceau de tissus par gramme de matière. Ce paramètre est contrôlé au travers de :

✓ La vitesse d'alimentation de l'effilocheuse (g/minute)

✓ La vitesse des cylindres (m/minute)

✓ La densité des pointes sur les cylindres (pointes/cm2)

Selon le nombre de cylindres, le type de garniture des cylindres, les vitesses mises en jeu, les fibres obtenues seront plus ou moins finement individualisées.

Coût de l'effilochage

Le coût de l'effilochage est fonction de différents paramètres tels que l'inclusion dans le prix de revient des amortissements, des coûts de renouvellement... Par ailleurs, l'effilochage consomme une forte quantité d'électricité : chaque moteur d'une effilocheuse a une puissance comprise entre 80 et 180 kW, à raison d'un moteur par tambour et de 5 à 6 tambours par machine ; de plus, les coupeuses, les mélangeuses et la presse consomment également de l'électricité. De ce fait, le coût peut varier entre les pays d'Europe selon le prix du kWh.

Pour un effilochage constitué de deux équipes, le coût de revient de l'effilochage varie entre 190 et 250 euros la tonne.

IV. Principe de fonctionnement

Le principe de fonctionnement d'une effilocheuse consiste à démailler les déchets textiles en les transportant sur une table d'alimentation 1, puis entre deux cylindres alimentaires 2, débouchant sur un premier tambour 3 rotatif dont la surface cylindrique 4 est recouverte de pointes 5, comme représenté sur la figure 1 (une partie seulement des pointes a été représentée), la densité de pointes étant comprise entre environ 2,4 et 3,6 pointes au centimètre carré, par exemple trois pointes au centimètre carré ; de préférence le réglage des cylindres alimentaires 2 sera très peu serré pour favoriser un glissement entre fibres et non un déchirement, un réglage traditionnel étant environ 30 % plus serré. En outre, de manière d'alimentation en quantité et en volume sera de 50% en moins que dans un procédé traditionnel de démaillage/effilochage. Le réglage des remontées des chiffons sera presque nul alors qu'en traditionnel il est très important, environ 30 à 40 % ; il y a lieu de préciser que le démaillage spécifique consiste à ouvrir les matières textiles en évitant le plus possible de briser les fibres et en cherchant à obtenir le maximum de longueur.

Effilocher les déchets textiles sortant du premier tambour 3 rotatif en les transportant sur une table d'alimentation, puis entre deux cylindres alimentaires, débouchant sur un deuxième tambour rotatif (non représentés) dont la surface cylindrique est recouverte de pointes, la densité de pointes étant supérieure à celle dudit premier tambour 3 rotatif, en vue d'obtenir des fibres aptes à servir à la constitution du fil, par exemple une densité de quatre pointes au centimètre carré, avec une variation préférentielle possible de 5 % à 10 % de pointes supplémentaires à celles du premier tambour. L'étape d'effilochage est suivie d'une ventilation des fibres obtenues. Les étapes de démaillage et d'effilochage ci-dessus peuvent être réalisées sur une effilocheuse.

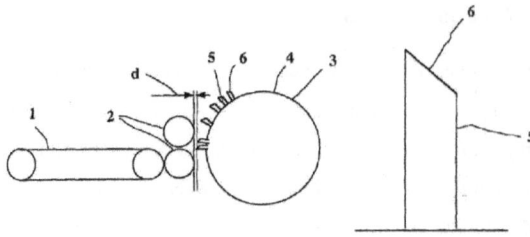

FIG. 1   FIG. 2

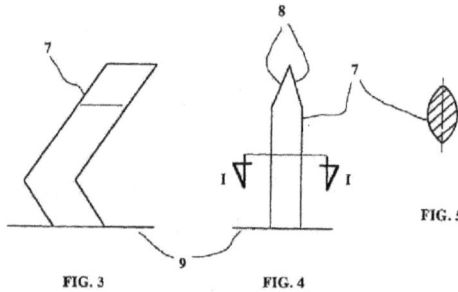

FIG. 3   FIG. 4   FIG. 5

Comme représenté sur la figure 2, les pointes 5 sur lesdits premier et/ou deuxième tambours sont des pointes plates biseautées, par exemple des pointes 5 comportant un corps cylindrique à section diverse au choix, notamment circulaire, elliptique, etc...

La pointe biseautée est obtenue par exemple par l'usinage d'un plan incliné 6 en bout de pointe, interceptant la surface cylindrique du corps de pointe, comme représenté sur la figure 2 en vue latérale. Ainsi, la pointe 5 attaque le textile par ce plan incliné 6 évitant l'arrachement des fibres, comme cela est le cas avec des pointes coniques des tambours de l'art antérieur.

Les deux cylindres alimentaires 2 et le premier tambour 3 sont séparés d'une distance d comprise entre 6 et 8 millimètres, de préférence une distance de 6 millimètres.

La vitesse circonférentielle des pointes du premier tambour 3 rotatif est de préférence comprise entre 15 et 20 mètres par seconde, soit par exemple pour un tambour de 1 mètre de diamètre, une vitesse de rotation de 350 tours par minute, avec une vitesse circonférentielle de 18,31 mètres par seconde. Cette vitesse peut cependant varier en plus ou en moins selon les textiles à travailler.

La vitesse circonférentielle des pointes du deuxième tambour rotatif sera de préférence plus lente que celle du premier tambour. Le premier groupe cardant est de préférence équipé de garnitures présentant une pluralité de pointes formant un angle de cardage de l'ordre de 60°,

26

avec une densité de pointes comprise entre 7 et 8 pointes par centimètre carré, par exemple 7,44 pointes au centimètre carré (48 pointes par pouce carré).

V. Mouvement de la matière dans une effilocheuse

La figure 7 représente une machine d'effilochage pour l'industrie textile. La machine englobe une station d'entrée (1) dans lequel les matières à traiter pour la première fois (23) et les déchets drainé être re-circuler (19) sont versés, séparément, sur le tablier (2). Cette machine comporte plusieurs stations de déchirement (4a, 4b, ..) entre lesquels il existe des groupes de supporteurs (5a, 5b ...) avec porte latérale (7) l'accès qui jettent la matière provenant de la station précédente à une boîte de filtrage (9) l'intérieur duquel la poudre, après un virage serré (10), passe à travers une plaque percée (11); la matière tombe et passe à la station suivante et ainsi de suite jusqu'à la fin de la machine, cependant, il existe certaines portes (14) et la matière est considérée comme suffisamment traitée, la porte respective s'ouvre et la matière va hors de la machine à travers un conduit (15).

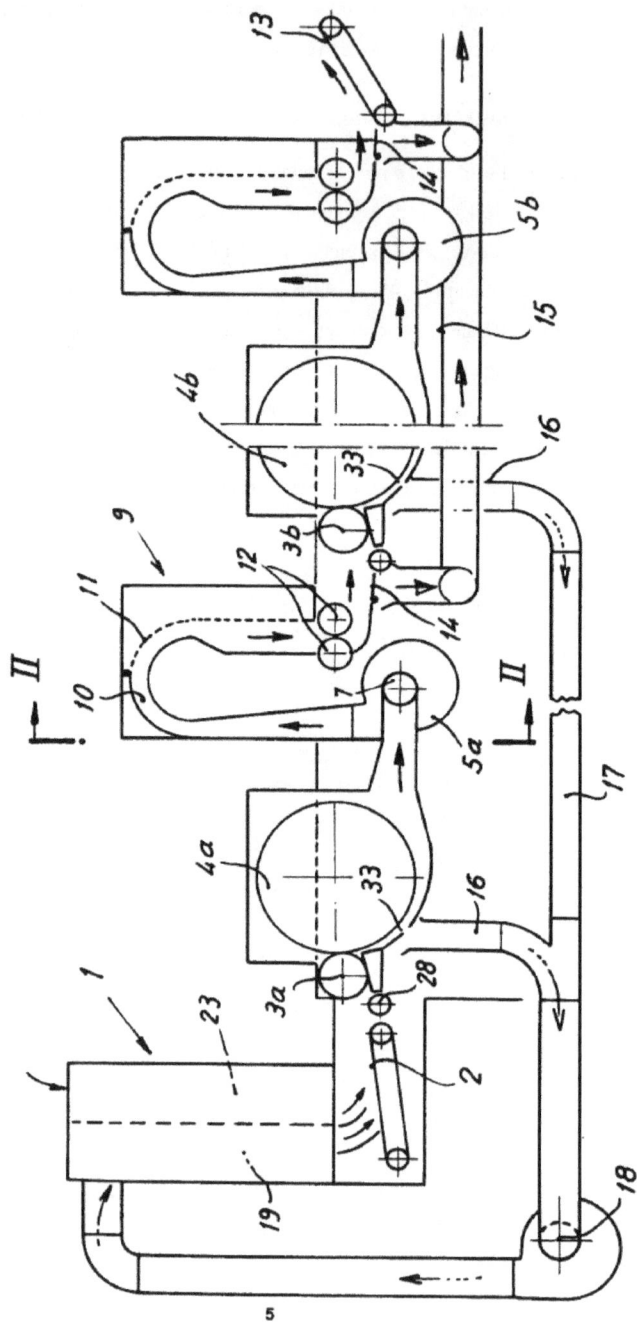

FIG. 7

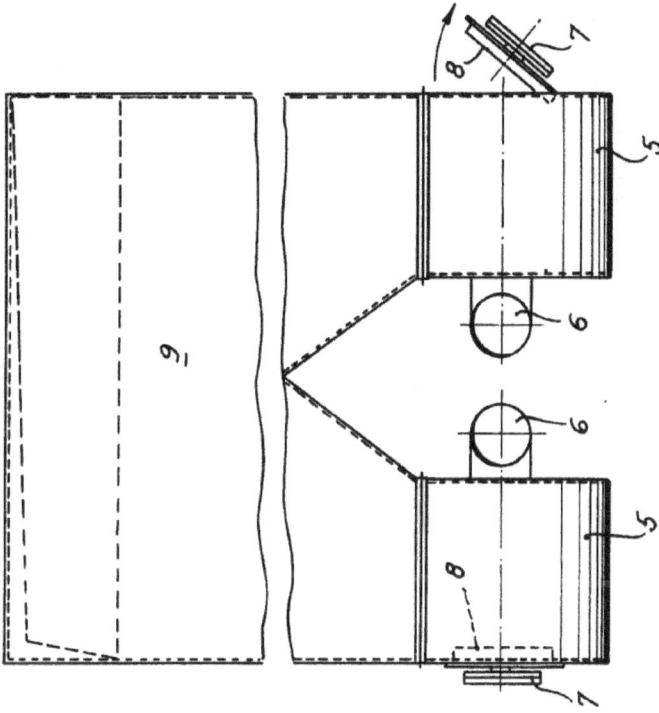

FIG.8

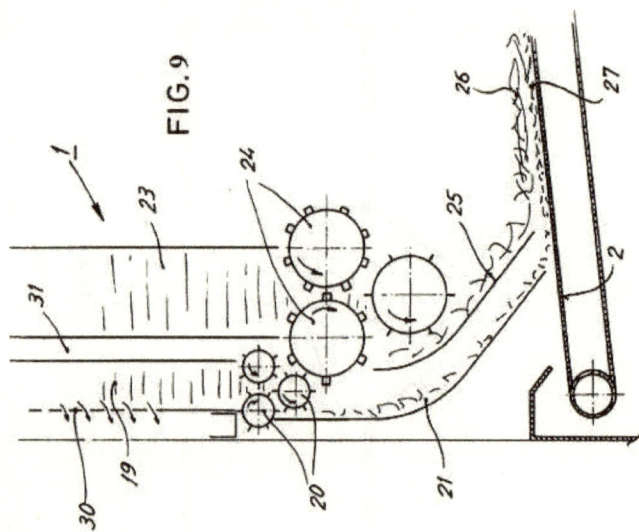

FIG. 9

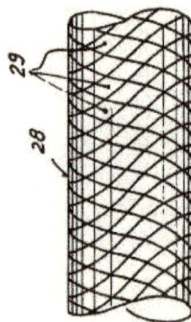

FIG. 10

30

La figure 8 présente le détail du cylindre rainuré. L'effilocheuse comporte une unité -1- chargeur de déchets à effilocher qui se terminent sur un tapis roulant -2- qui transporte la matière vers le cylindre -3a- qui les introduit au tambour -4a- à la sortie duquel la matière défibrée est aspiré par les ventilateurs centrifuges -5-. Ensuite la matière se transfert vers la station -4b- suivante. L'utilisation de deux ventilateurs -5- au lieu d'un seul, permet une aspiration plus uniforme de la matière sur toute la largeur. Il faut noter qu'un nettoyage de l'intérieur de ces ventilateurs -5- est recommandé. A travers la boite -9- la matière est partiellement traitée et jetée dans la conduite -10-. La seconde moitié de la courbure -11- est percée (perforé). La poussière qui se trouve dans la matière est forcée de passer à travers ces trous sous l'action de la force centrifuge accordée par les ventilateurs -5-. La matière tombée, passe entre les rouleaux -12- et le cylindre -3b- et atteint le grand tambour -4b-. Le processus étant répété jusqu'à sortir de la dernière station via la ceinture -13-. De cette façon, la matière aura passé par tous les postes de la machine -4a-4b-.

Toutefois, il peut se produire qu'en raison de la nature des déchets, il est seulement nécessaire de traiter les déchets à une ou plusieurs stations, et non pas à toutes. Dans ce cas, les portes -14- ont été prévus entre une station et la suivante, après le filtrage -11-. Le fonctionnement de ces portes -14- sera effectué par l'intermédiaire des éléments mieux équipés: mécanique, électrique, pneumatique, hydraulique, etc. (non représentés dans la figure précédente).

Sous chaque tambour -4-, les déchets sont divisés en deux parties: la partie de déchet qui est encore en cours de traitement dans les stations suivantes de la machine ou qui, à travers une porte -14- va directement à l'extérieur parce qu'il est déjà suffisamment traitée, et les déchets qui tombent vers le bas par le circuit de branche respective -16- vers le collecteur -17- qui, grâce à l'aspiration produite par le ventilateur -18-. Les déchets tombe vers le bas (FIG 9) à travers le réservoir -19- et -20- à travers les rouleaux et la goulotte -21- il a accès à la ceinture -2-.

Le "nouveau" déchet, est versé à travers l'ouverture -22-, il tombe à travers l'autre réservoir -23- et -24- dans les rouleaux elle glisse sur une autre goulotte -25- finalement tomber vers le bas en formant deux couches: une première couche supérieure de nouvelle matière à traiter -26- et une couche inférieure de recirculation des déchets -27-. Les deux couches seront transmis vers le première tambour -4a- avec un passage préalable de la matière sur le rouleau -28- et livrer vers un rouleau avec des rainures hélicoïdales -32- en formant des losanges -29-.

VI. L'affûtage

Par ailleurs, pour obtenir une bonne efficacité lors de l'opération de défibrage ainsi qu'une qualité constante du produit réalisé, il est nécessaire de procéder périodiquement à un affûtage des pointes des tambours de défibrage. Par suite, des moyens sont prévus pour permettre de réaliser une telle opération sur la machine elle-même, ces moyens pouvant être déplacés d'un module de travail au suivant.

Or il est bien connu que dans un tel type d'installation, parmi les différents paramètres qui conditionnent l'intensité et la qualité du défibrage, le plus important est celui de la distance entre l'auge ou cuvette fixe du bloc alimentaire et les pointes ou dents de scie du tambour de défibrage, distance différente d'un module au suivant et dépendant de la nature des fibres à travailler, de l'homogénéité de la nappe fibreuse au fur et à mesure de son passage à l'intérieur de la ligne de traitement et de la qualité finale du produit obtenu.

Par suite, après chaque opération d'affûtage, il est impératif de réaliser un nouveau réglage de l'ensemble de l'installation pour se retrouver dans les mêmes conditions de traitement qu'avant cette opération. Pour ce faire, il a été envisagé un bloc alimentaire sur un chariot mobile porté par deux glissières horizontales et orthogonales à l'axe du tambour à pointes, et qui permet de régler cette distance, la position exacte du chariot étant contrôlée par des détecteurs de proximité reliés à un dispositif central de contrôle.

D'une manière générale, la machine effilocheuse est équipée d'un bloc d'affûtage qui est monté sur un support déplaçable parallèlement par rapport à l'axe du tambour à pointes, son écartement par rapport à l'extrémité de ces dernières étant déterminé en mesurant la distance entre deux éléments montés en regard l'un de l'autre, le premier monté fixe sur le bâti de la machine, le second sur le support déplaçable du bloc alimentaire, ce dernier élément étant constitué par une tige démontable qui, lors d'une opération d'affûtage des pointes, est montée sur le trajet de l'ensemble d'affûtage afin que sa longueur soit réduite de la même valeur que celle des pointes, permettant ainsi de déterminer, après remise en place sur le support déplaçable, l'amplitude du déplacement à communiquer audit support pour retrouver l'écartement optimal de travail par simple mesure de l'écart de longueur entre les deux éléments avant et après affûtage.

Afin d'obtenir un déplacement du support manière plus précise, le support est monté sur le bâti de la machine par l'intermédiaire de deux vérins à vis actionnés par un arbre dont la rotation déplace ledit support dans un sens ou dans l'autre par rapport à la surface du tambour à pointes. Cet arbre peut être relié à un servo-moteur et permettre un réglage automatique à partir d'un automate programmable avec ou sans système de supervision. Le système de mesure peut éventuellement être relié à un système d'enregistrement permettant de conserver les valeurs de réglage pour chaque lot travaillé.

VII. Lignes d'effilochage industrielles

VII.1. Les constructeurs des effilocheuses

LAROCHE, leader mondial sur le marché des traitements des fibres, des technologies de recyclage et des non-tissés, a connu ses débuts en 1926 avec la conception de la première effilocheuse permettant la régénération des déchets textiles.

Depuis le début du XXème siècle, LAROCHE a été un pionnier dans l'innovation des technologies et des procédés textiles. D'une simple machine à l'installation d'une ligne complète pour une multitude d'applications : filature, matelasserie, ameublement, isolation acoustique et thermique, automobile, géotextile, filtration, hygiène, essuyage...

Par son expérience accrue des fibres naturelles, LAROCHE s'est spécialisé depuis 60 ans dans l'ouverture et le nettoyage pour les opérations aussi bien de filature que de non-tissés.

Figure 11. Ancienne machine　　　　**Figure12 . Ligne actuelle**

Capacité de production

Des lignes de nettoyage de déchets d'ouvraison et de cardes, avec des capacités allant de 100 kg à 1000 kg/h, des lignes d'effilochage pour tous types de déchets textiles, allant de 50 kg à 3000 kg/h, font de LAROCHE le leader incontesté dans ces domaines. Plus de 2000 lignes de recyclage ont été installées par LAROCHE dans le monde entier.

Ligne d'effilochage pour Filature et Nontissé

Lignes de recyclage de déchets pour la production de fibres régénérées de très haute qualité pour la filature. Lignes de recyclage automatisées pour la production de fibres régénérées pour les processus nontissé. Conviennent parfaitement aux différents processus Airlay développés par LAROCHE notamment pour les applications : matelasserie, ameublement, isolation, automobile, sous-couche tapis, essuyage. Haute capacité de production.

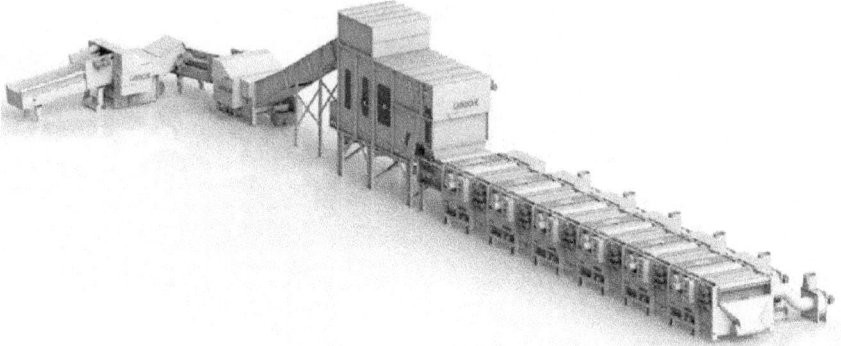

Figure 13. Ligne d'effilochage LAROCHE complète (Coupeuse'Starcut 500' et effilcheuse 'Cadette 6 cylindre')

VII. 2. Mini-effilocheuses

Les mini-effilocheuses ou dite petites effilocheuse est une machine de petit taille et avec une capacité de production limité. En effet, la largeur de ce type des machines est entre 500mm et 1000mm, et la capacité de production est de l'ordre de 250 Kg/h.

Dans la figure suivante on représente un exemple de petite effilocheuse à garnitures rigides.

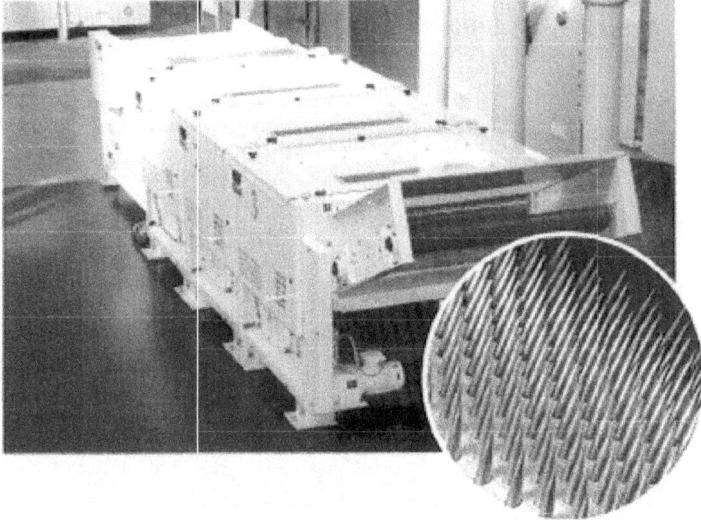

Figure 14. Petite effilocheuse

Le principe de fonctionnement de cette petite effilocheuse est représenté dans la figure suivante :

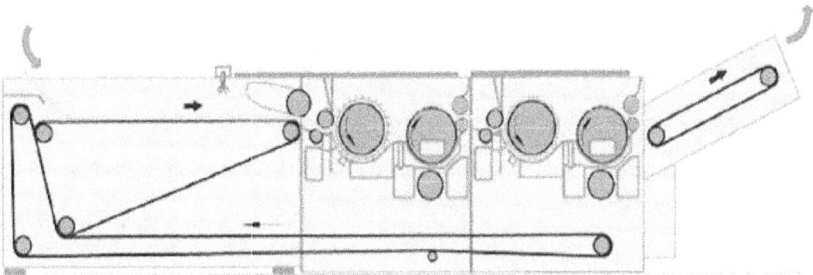

Figure 15. Schéma de fonctionnement d'une petite effilocheuse

Le dispositif précédent est constitué de deux unités d'effilochage. Il est caractérisé par une affûteuse intégrée et un système de pulvérisation (dispositif de pulvérisation).

VII. 3. Grande effilocheuse

Ce type d'effilocheuse est caractérisé par une haute production, qui varie entre 1300 Kg/h et 3000Kg/h. Le largueur de ce type d'effilocheuse varie entre 1000-1500-2000mm. Cette effilocheuse (figure suivante) est disponible en version de 2 à 6 modules d'effilochage.

Figure 16. Grande effilocheuse à 6 modules d'effilochage

Pour une effilocheuse à six modules d'effilochage, la densité des pointes varie d'un module à un autre. Dans l'exemple suivant on va présenter les caractéristiques techniques des briseurs d'une effilocheuse Laroche « SUPER OLYMPIQUE » à trois briseurs.

1er briseur

Jeu de 34 douves (figure suivante) en aluminium de 1460x85x15 mm sans assemblage latéral avec 35.000 pointes de diamètre Ø = 5 mm et hauteur 32mm, incliné d'une angle de 25°, avec trous et boulons.

2ème briseur

Jeu de 34 douves en aluminium de 1460x85x15 mm sans assemblage latéral avec 45.000 pointes de diamètre Ø = 4.5 mm et hauteur 32 mm, incliné d'un angle de 15°, avec trous et boulons.

3ème briseur

Jeu de 34 douves en aluminium de 1460x85x15 mm sans assemblage latéral avec 55.000 pointes de diamètre Ø = 4 mm et hauteur 25 mm, sans inclinaison, avec trous et boulons.

Figure 17. Douve

VIII. Conclusion

L'effilochage des déchets textile, est le moyen le plus rentable pour mettre en valeur ces déchets. Les machines d'effilochage se diffèrent selon le constructeur et selon le besoin de l'industriel. Les paramètres les plus influents sur la qualité des fibres effilochées sont : le nombre de briseur, la densité des pointes et la forme des pointes. Par exemple pour avoir des fibres recyclées pour la filature, il faut utiliser une machine avec six briseurs.

Chapitre IV : Filature des déchets textiles

I. Introduction

II. Adaptation du procédé

III. Caractéristiques de l'effilocheuse

IV. Caractéristiques du cardage

V. Principe de filature

VI. Inconvénient du processus

VII. Avantages

VIII. Conclusion

I. Introduction

La filature des fibres recyclées est un moyen de donner une valeur ajouté à ces fibres. Mais le procédé de filage des fibres récupérées est un peu spécifique. Ce procédé se rapporte aux filatures de type cycle cardé, plus particulièrement à la fabrication de fil selon cette technique de filature, à partir de déchets textiles.

La matière première est constituée de vieux tricots ou de déchets de coupe de bonneterie. Un tri par nuances de coloris et de composants est effectué. Les fournitures de type accessoires, telles que boutons métalliques, plastiques, fermetures éclairs, étiquettes, etc, sont éliminées.

Les déchets de mailles sont effilochés afin de retransformer la maille en fibres, dans des effilocheuses conventionnelles.

Un feutre (nappe de fibre) de faible poids est ensuite réalisé à partir de ces fibres afin d'obtenir un coloris précis. Le coloris recherché est obtenu sans teinture additionnelle, simplement par mélange de couleurs, comme pour la teinture par exemple. Les fibres ainsi déterminées pour le feutre recherché sont ensuite constituées en grande quantité pour la fabrication industrielle du fil.

Les fibres sont ensuite préparées en salle de mélange. Les différents coloris et composants de déchets (fibres de différentes natures) sont mélangés en double cycle dans les machines suivantes :

✓ Battoir

✓ Casiers tournants

✓ Répartiteur d'ensimage

Les fibres mélangées sont ensuite prises en fabrication vers un assortiment de cardes, afin d'être mises au poids pour l'obtention de mèches enroulées à partir desquelles les fils seront respectivement réalisés à l'étape suivante.

Les rouleaux de mèches sont passés aux continus à filer, chaque mèche est dévidée de son rouleau, et subit des opérations de torsion et d'étirage. Le fil est mis au poids et enroulé sur des canettes. Les canettes de fils suivent ensuite plusieurs étapes de transformation, en vue du bobinage final sur cônes, afin que les fils de plusieurs canettes soit assemblés bout à bout et éventuellement retordus pour des fils moulinés, pour former des cônes chacun d'une longueur déterminée de fil enroulé, étiquetés et emballés en cartons ou palettes filmés.

II. Adaptation du procédé

L'adaptation du procédé vise à remédier ces inconvénients (cités précédemment) et à apporter d'autres avantages. Plus précisément, elle consiste en un procédé de fabrication d'un fil en filature de type cycle carde, à partir de déchets textiles, caractérisé en ce qu'il comprend les étapes suivantes :

- ✓ Pulvériser sur les déchets textiles une émulsion à base d'huile
- ✓ Démailler les déchets textiles en les transportant sur une table d'alimentation, puis entre deux cylindres alimentaires, débouchant sur un premier tambour rotatif dont la surface cylindrique est recouverte de pointes, la densité de pointes étant comprise entre environ **2,4 et 3,6 pointes au centimètre carré**,
- ✓ Effilocher les déchets textiles sortant du premier tambour rotatif en les transportant sur une table d'alimentation, puis entre deux cylindres alimentaires, débouchant sur un deuxième tambour rotatif dont la surface cylindrique est recouverte de pointes, la densité de pointes étant supérieure à celle dudit premier tambour rotatif, en vue d'obtenir des fibres aptes à servir à la constitution du fil
- ✓ Introduire les fibres issues du deuxième tambour dans un premier groupe cardant
- ✓ Introduire les fibres issues du premier groupe cardant dans un deuxième groupe cardant afin d'obtenir un voile de fibres
- ✓ Diviser la voile de fibres en une pluralité de mèches, apte chacune à former un fil
- ✓ Enrouler puis filer les mèches, afin d'obtenir une pluralité de fils enroulés sur une pluralité de canettes.

Le procédé permet de donner une même orientation des fibres issues de l'étape de démaillage et d'effilochage, et d'accorder au fil issu du procédé une résistance à la traction compatible avec les exigences de tricotage et de tissage du fil. En effet, la réduction de la densité des pointes du premier tambour, par rapport à une densité plus élevée de pointes, permet de diminuer, voire d'éviter que les fibres constitutives des déchets textiles soient brisées lors du démaillage ; c'est à dire que le procédé selon l'invention permet de conserver le plus possible la longueur des fibres constitutives des déchets textiles utilisés.

La densité habituelle de pointes sur un tambour de démaillage conventionnel est de 8 pointes au centimètre carré plus ou moins 8 à 12 % selon les textiles à traiter. Selon le procédé de l'invention, la maille est ainsi ouverte mais non brisée en vue d'une préparation en douceur pour l'effilochage.

La pulvérisation d'une émulsion à base d'huile sur les déchets textiles avant l'étape de démaillage permet de donner du gonflant aux fibres et favorise un démaillage en douceur, pour conserver un maximum de longueur de fibres. La densité de pointes supérieure sur le deuxième tambour permet une progressivité d'ouverture des fibres et donc réduit encore le risque de rupture des fibres.

En outre, la résistance ainsi obtenue du fil, grâce à la longueur de ses fibres constitutives, le plus proche possible de la longueur des fibres initiales constitutives des déchets textiles utilisés, permet avantageusement de mettre en œuvre un procédé avec une matière première entièrement constituée de matière recyclée. Les caractéristiques du fil obtenu selon ce procédé possèdent en outre une meilleure résistance à l'abrasion et au boulochage ainsi qu'au frottement. Le fait de proposer un procédé pouvant utiliser une matière première constituée à 100% de matière recyclée ou de déchets textiles, permet de fournir un fil dont la couleur est plus résistante à la lumière et au frottement, du fait que les déchets textiles, et donc les fibres recyclées, ont déjà vécu en produit fini, ont donc déjà été lavées plusieurs fois, et ont été soumises à des conditions extrêmes concernant la lumière, les conditions climatiques, et tout type d'agression de la vie quotidienne. Les fils obtenus suivant ce procédé ont donc notamment une plus grande stabilité de couleur. De ce fait, la résistance des colorants à la lumière et au frottement du fil selon ce procédé est souvent supérieure à celle des fils réalisés avec des fibres vierges et teintes pour la première fois.

III. Caractéristiques de l'effilocheuse

La densité des pointes sur le deuxième tambour est comprise entre environ 2,52 et 4,8 pointes au centimètre carré. Cette caractéristique permet de réduire voire d'éviter un raccourcissement des fibres qui sortiront du deuxième tambour rotatif.

Selon une caractéristique avantageuse, les pointes sur le premier et/ou deuxième tambours sont des pointes plates biseautées. Cette caractéristique contribue à adoucir les opérations de démaillage et d'effilochage par une forme d'attaque plus douce des pointes biseautées, par comparaison aux pointes effilées et coniques plus agressives des tambours d'effilochage/démaillage conventionnels.

Selon cette caractéristique avantageuse, les deux cylindres alimentaires d'une part et le premier tambour d'autre part sont séparés d'une distance comprise entre 6 et 8 millimètres. Cette caractéristique contribue à réduire, voire éviter, la rupture des fibres lors du démaillage. Cette distance dans les procédés conventionnel est de l'ordre de 3 mm, avec une variation de

5 à 7% en plus, soit une augmentation d'environ au moins 100% de la distance entre les cylindres alimentaires et le premier tambour.

Selon cette caractéristique avantageuse, la vitesse circonférentielle des pointes du premier tambour rotatif est comprise entre 15 et 20 mètres par seconde. Soit par exemple pour un tambour de 1 mètre de diamètre, une vitesse de rotation de 350 tours par minute, avec une vitesse de 18,31 mètres par seconde. Cette caractéristique contribue à un démaillage et un effilochage en douceur en évitant ou réduisant les arrachements de fibres et donc les ruptures et raccourcissement de ces fibres. Les tambours utilisés dans les procédés conventionnels tournent généralement à des vitesses de rotation de l'ordre de 1000 tours par minute ou même supérieures, pour un tambour d'un mètre de diamètre, soit une vitesse linéaire de plus de 50 mètres par seconde. Ainsi, les procédés spéciales (effilochage pour la filature 100% recyclées) selon cette caractéristique avantageuse réduit la vitesse du premier tambour de plus de 50 %.

Selon cette caractéristique avantageuse, la vitesse circonférentielle des pointes dudit deuxième tambour rotatif est plus lente que celle du premier tambour.

IV. Caractéristiques du cardage

Le premier groupe cardant est équipé de garnitures présentant une pluralité de pointes formant un angle de cardage **de l'ordre de 60°**. Selon les groupes conventionnels cardant, l'inclinaison de ces pointes est de l'ordre **de 75° à 80°**. Une inclinaison plus faible permet d'obtenir un effet de « garnissage », c'est à dire une ouvraison bien contrôlée. Cette caractéristique permet en outre d'avoir un point cardant moins important, et évite le boulochage des matières et un ménagement des fibres.

Selon cette caractéristique avantageuse, la densité des pointes du premier groupe cardant est comprise entre 7 et 8 pointes par centimètre carré. Le deuxième groupe cardant est équipé de garnitures semi-rigides. Ces garnitures semi-rigides du deuxième groupe cardant comprennent des pointes biconvexes. Cette caractéristique propose une forme de pointe plus fluide moins agressive et susceptible de réduire encore les ruptures de fibres.

La densité des pointes du deuxième groupe cardant est comprise **entre 25 et 30 pointes par centimètre carré**, de préférence comprise entre 28 et 29 pointes.

Dans les systèmes conventionnels de cardage, la densité de ces pointes est supérieure de 18 % à 22 % environ à fil d'acier identique. Selon une caractéristique avantageuse, le procédé suivant l'invention consiste à introduire une étape de pré-étirage respectif des mèches entre deux manchons frotteurs avant l'étape d'enroulement des mèches.

Cette caractéristique permet de rentrer dans l'appareil diviseur avec un voile plus épais, plus régulier, et la fibre moins brisée.

En 1995, une équipe a inventé un fil en utilisant ce procédé. Ce fil comprend 38% de fibres de laine, 22 % de fibres de coton, 28 % de fibres en polyamide, 7 % de fibres acryliques, et 5 % de fibres autres diverses.

V. Principe de filature

Le deuxième groupe cardant est avantageusement équipé de garnitures semi-rigides, comprenant des pointes biconvexes 7 en acier retrempé à aiguisage latéral 8 sur feutre 9 mousse densifié, dont la densité est comprise entre 25 et 30 pointes par centimètre carré, par exemple 28,67 pointes au centimètre carré (185 pointes par pouce carré).

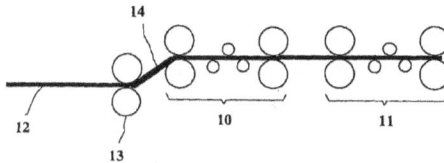

FIG. 6

Les figures 3 à 5 représentent un mode de réalisation d'une pointe biconvexe 7, respectivement en vue latérale, de face et en coupe suivant la ligne II de la figure 4. Les pointes biconvexes présentent une bonne solidité en bout de pointes.

D'une manière générale, on introduit une étape de pré-étirage respectif des mèches entre deux manchons frotteurs avant l'étape d'enroulement des mèches, comme représenté sur la figure 6. La figure 6 représente un premier groupe 10 de manchons frotteurs, suivi d'un deuxième groupe 11 de manchons frotteurs qui peut être identique au premier groupe ; le pré-étirage des mèches 14 consiste à faire tourner les cylindres du deuxième groupe 11 plus vite que les cylindres du premier groupe 10, étirant ainsi les mèches 14 dans une zone comprise entre les premier 10 et deuxième 11 groupes de manchons frotteurs. Sur la figure 6, le voile de fibres est référencé en 12 entrants dans le diviseur 13 avant de pénétrer dans le premier groupe de manchons frotteur.

VI. Inconvénient du processus

Un tel procédé présente plusieurs inconvénients, et essentiellement de ne pas proposer un fil suffisamment résistant, impliquant qu'il ne peut être constitué à 100% de matière recyclée.

Les caractéristiques qualitatives concernant la résistance à la rupture permettant de tricoter ou de tisser un tel fil ne sont pas atteintes avec un tel procédé et une matière première constituée entièrement de matière recyclée. Les caractéristiques qualitatives concernant la résistance à l'abrasion, le boulochage, ou la résistance au frottement ne sont également pas atteintes avec un tel procédé et un fil issu de matière première 100% recyclée.

VII. Avantages

Le recyclage des déchets est un problème d'environnement permanent. Grâce au procédé de recyclage, les déchets textiles peuvent être réutilisés sans limite particulière, et ainsi permettre avantageusement à des organismes généreux de continuer leurs activités de récupération et de collecte des vieux textiles.

Le procédé de recyclage des déchets textiles permet en outre d'éviter une surproduction de matières, notamment la matière synthétiques et cellulosiques, qui sont coûteuses en énergie et engendre souvent des risques pour l'environnement.

Le procédé de recyclages des déchets textiles, permet en outre d'éviter l'utilisation de teinture sur les matières premières, car les coloris peuvent être obtenus par des mélanges de couleurs de textiles tous issus de la matière première recyclée, d'où une diminution des risques de pollution par rejets de matières potentiellement toxiques, et une économie d'énergie.

VIII. Conclusion

Le processus de filature des fibres recyclées est un procédé très spécial. En effet, la matière doit être conditionnée selon une norme spécifique. Ensuite l'opération d'effilochage doit être soigneusement réalisé et en respectant des paramètres machine bien particulier comme la densité et la forme des pointes des briseurs d'effilochage. Le cardage des fibres effilochées est aussi un cardage adapté

Réferences Bibliographiques

[1]. Jean-Paul Dupuy. State of art of sorting out and recycling of end of life clothing textiles, household linen and pairs of shoes. Etude réalisée pour le compte de l'ADEME par RDC-Environnement. Juin 2009.

[2]. Faouzi Ben Amor. Programme « déchets » 2009-2012, l'analyse des flux de matières en Méditerranée. Atelier de restitution Villa Valmer, Marseille, Jeudi 29 mars 2012.

[3]. Sources : Emmaüs, Colloque « récupération des textiles, à l'heure des choix, Assemblée Nationale, 23 mars 2006.

[4]. Loi n° 96-41 du 10 juin 1996, relative aux déchets et au contrôle de leur gestion et de leur élimination (JORT n° 49 du 18 juin 1996). Telle que modifiée par la Loi n° 2001-14 du 30 janvier 2001, portant simplification des procédures administratives relatives aux autorisations délivrées par le ministère de l'environnement et de l'aménagement du territoire dans les domaines de sa compétence.

More Books!

Oui, je veux morebooks!

I want morebooks!

Buy your books fast and straightforward online - at one of the world's
fastest growing online book stores! Environmentally sound due to
Print-on-Demand technologies.

Buy your books online at

www.get-morebooks.com

Achetez vos livres en ligne, vite et bien, sur l'une des librairies en
ligne les plus performantes au monde!
En protégeant nos ressources et notre environnement grâce à
l'impression à la demande.

La librairie en ligne pour acheter plus vite

www.morebooks.fr

OmniScriptum Marketing DEU GmbH
Heinrich-Böcking-Str. 6-8
D - 66121 Saarbrücken
Telefax: +49 681 93 81 567-9

info@omniscriptum.com
www.omniscriptum.com

OMNIScriptum

www.ingramcontent.com/pod-product-compliance
Lightning Source LLC
Chambersburg PA
CBHW021610210326
41599CB00010B/694